森の本

ネイチャー・プロ編集室

角川書店

Contents

Chapter 1

水のあるところ 12

Chapter 2

動物たち 62

Chapter 3

静もる森 100

Chapter 4

うつろい 142

街の木は

とてもきゅうくつそう

ゆっくりと
木々の香りを感じながら

森にはいる

水のあるところ
忘れていた静けさ　はじめての風

Chapter 1

木々の葉のすき間から見えていた空が
急に暗くなり、森に激しい雨が降る。
高い梢の葉が雨に打たれているのがわかる。
しかし、降りはじめの雨は、ほとんど
木の葉にさえぎられて落ちてこない。
葉にたまった雨は、一部はそのまま蒸発し、
一部は集まって滴り落ちる。
枝や幹を伝わって流れる雨もある。
森の雨は、少しずつやさしく落ちる。
森の地面を水が流れることはほとんどない。

しみこむ

森の地面は、まるでスポンジのようにふかふか。多いところでは八〇パーセントものすき間がある。地面には落ち葉がたくさん積もり、そこで雨を受けとめてから下の土に流す。

だから、集中豪雨のような激しい雨が降っても、森の土は流されることもなく、地面全体にたっぷり水がしみこむ。

1 橅 ぶな
2 樅 もみ
3 照葉樹の芽
4 伊呂波楓 いろはかえで
5 小楢 こなら
6 小楢 こなら
7 橅 ぶな

幸運な種

1

たねは、何十年も何百年も、土のなかで芽生えの日を待ちつづけることがある。そのうちに、死んでしまうものもある。
芽生えるためには、温度と水と酸素、そして種類によっては冬の寒さが必要。秋の終わりの気まぐれな暖かさを春と錯覚して芽をだしてしまっては、冬に寒さで枯れてしまう。寒い日がある程度以上つづいた後で暖かい日がおとずれたときに、はじめて芽をだすようにと、たねには芽生えの仕組みがプログラムされている。さらに、光の量や土のなかの深さなど、どのたねにも厳しい発芽の条件がある。
毎年たくさん実るミズナラのドングリのうち、大きな木になれるのは百万分の一以下だ。

5

2

6

3

7

4

樅 もみ

1

3

2

1　梅花黄連　ばいかおうれん
2　蓮華升麻　れんげしょうま
3　節分草　せつぶんそう
4　二輪草　にりんそう
5　福寿草　ふくじゅそう
6　深山延齢草　みやまえんれいそう

ひっそりと咲く

4

5

6

スプリングエフェメラル「春のはかない命」とよばれる花たちがある。落葉樹の森で、木の葉が芽吹く前、地面に光が届いているほんの四〇日ほどのあいだに、花を咲かせ、たねをつけ、木の葉が茂るころには姿を消して、次の春を待つ花たち。

いっぽう、光の射す早春に咲きはじめ、木の葉が茂ってからは木もれ日を少しずつ受け、時間をかけて実をむすぶ花もある。エンレイソウの葉は、光をたくさん受けられるように広く、葉どうしで陰をつくらないように、高さをそろえている。

まだ？

1年目

まだ……？

5～6年目

カタクリは、芽生えてから五年たっても六年たっても、花を咲かせることができない。

早春の光を短い期間しか受けられないので、つくれる養分もごくわずか。芽生えの年は、糸のように細い葉をつけるだけ。二年目にやっと一センチメートルほどの葉をつける。その小さな葉で光合成をして、できたわずかな養分を根に貯めてすぐ枯れる。毎年それをくりかえし、十年近くもかけてやっと一輪の花を咲かせる。

長い年月をかけてようやく大切な夢をかなえる人のような、早春の小さな花。

ひらく、ひらく

　木々の梢で、小さな葉たちはあわてているかのようだ。暖かくなった。早く葉を広げなくては、日陰になってしまう。木の根元の草たちも、急がないと光が届かなくなってしまう。

　木も草も、なるべく早く葉を広げるために、さまざまな方法を編み出した。閉じた傘をひらくようなヤブレガサ、たたんだ扇をひらくようなガマズミ、二つにたたんだ紙を広げるようなサクラ、縦ロールを両側にひらくマユミ、まるまったコイルを伸ばすようなシダのなかま。

1 小楢 こなら
2 花の木 はなのき
3 莢蒾 がまずみ
4 権萃 ごんずい
5 檀 まゆみ
6 楓 かえで
7 唐松 からまつ
8 春楡 はるにれ
9 破傘 やぶれがさ
10 橅 ぶな
11 蔓紫陽花 つるあじさい
12 朴の木 ほおのき
13 針桐 はりぎり
14 雄羊歯 おしだ
15 山桜 やまざくら
16 山漆 やまうるし
17 藤 ふじ
18 薇 ぜんまい

高く、強く

木の幹の細胞の八〇～九〇パーセントは、生まれて二～三ヶ月で死ぬ。

光をもとめて、木は競い合って天を目ざす。高く生長し、その体をささえるために、かたく強くなる必要がある。しかし、生長することとかたくなることの両立はむずかしい。生長する細胞は弱くて、重い体をささえることはできない。

生長するのは樹皮のすぐ内側の細胞。新しい細胞をつくり、木を太く高くする。つくられた細胞は内側に加えられ、やがて死んでかたく強くなり、木をささえる。

広く、深く

ある一本のブナの木が、その根にかかえていた土は、大型ダンプカーに一〇台分もあったという。木は、地上に広がる幹や枝より大きく、地面の下に根をはっている。

真っすぐ下に向かう根、横に広がる根、さまざまあるけれど、どの根も重い幹や枝をささえるために、できるだけ広く深く伸びようとしている。それができなかった木は、嵐で根こそぎ倒されてしまう。

がさがさ、つるつる、とげとげ

若い木の表皮は、幹が太くなると引き裂かれる。表皮のすぐ下には、分裂する細胞をまもるためにコルク層ができて樹皮になる。幹がさらに生長すると、古い樹皮は引き裂かれてはがれ落ちる。

樹皮の模様のちがいは、コルク層のでき方やはがれ方がちがうから。コルク層が厚く重なるコルクガシやアベマキ。うろこ状のアカマツ。翼《よく》をつくるニシキギ。薄く広がりどんどんはがれるナツツバキ。サクラは空気をとおす皮目をつくり、サイカチは身をまもるために刺をまとった。

1

1 皁莢 さいかち
2 錦木 にしきぎ
3 唐楓 とうかえで
4 夏椿 なつつばき
5 姫娑羅 ひめしゃら
6 八重皮樺 やえがわかんば
7 若い岳樺 だけかんば
8 山桜 やまざくら
9 棈 あべまき
10 山葡萄 やまぶどう
11 赤松 あかまつ
12 椴松 とどまつ
13 欅 けやき
14 小楢 こなら
15 白樺 しらかば
16 古い岳樺 だけかんば
17 杉 すぎ
18 橅 ぶな

14

10

15

11

16

12

17

13

18

唐松 からまつ

すって、まいて

白雲木 はくうんぼく

三〇階建てのビルの最上階から地上を見おろす。世界でもっとも高いといわれるアメリカ、カリフォルニア州のレッドウッドの樹高は、一一〇メートル以上。その木のてっぺんはこんな高さだ。

光合成を行うために、木はどんなに高くても、地面のなかの水分を葉までもち上げなければならない。もち上げる力のもとは、水の引っ張る力とくっつく力。葉からは、多い日にはお風呂一杯分もの水がまき散らされている。葉で水がうしなわれると、枝や幹から水を引っ張る。水の分子はたがいにくっつく力が強い。引っ張られ、くっつき、水は百メートルも、もち上げられる。

レッドウッド red wood

楠《くすのき》

楡《にれ》

これはハルニレ

橅《ぶな》

櫟《くぬぎ》

榎《えのき》

橡《とちのき》

椎《しい》

スダジイ

桜《さくら》

ヤマザクラ

楢《なら》

ミズナラ

松《まつ》

アカマツ

朴《ほお》

ホオノキ

樺《かば》

シラカバ

モザイク

植物は、動物とはちがって、無機物から有機物をつくることができる。葉の葉緑体は、水と二酸化炭素に、カルシウムやリンなどを根から取りこんで加え、糖やでんぷんなどにして、自分の体をつくる。そのために必要なエネルギーは、太陽の光。
　森のなかで空をあおぐと、葉がびっしりと、しかし重ならず、モザイク模様のように広がっていることに気づく。すでにほかの葉が茂り、葉を広げる場所がないときは、光をもとめて少しでも枝を伸ばそうとする。そして、競争にやぶれたものは、生長できずに死ぬ。

緑の力

地球に生命が生まれた三五億年前、地球上にはほとんど酸素がなかった。その量を大気の二〇パーセントにまでしたのは、緑の藻と緑の葉っぱ。

藻や葉は、光合成では二酸化炭素をすって酸素をはくが、呼吸では酸素をすって二酸化炭素をはいている。森は、どんどんたくさんの酸素を生んでいるというわけではない。光合成と呼吸で、すってはく酸素と二酸化炭素の量は、差し引きすると酸素の方がやや多いだけ。地球の酸素を増やすのには、気が遠くなるほどの時間が必要だった。

伊呂波楓 いろはかえで

欅 けやき

唐松 からまつ
（若い実）

樅 もみ

三葉木通 みつばあけび

橡 とちのき

羽団扇楓 はうちわかえで

桂 かつら

瓜肌楓 うりはだかえで

檜 ひのき

水木 みずき

総桜 ふさざくら

楠 くすのき

五葉松 ごようまつ

熊野水木 くまのみずき

白樺 しらかば

唐檜 とうひ

大山桜 おおやまざくら

小羽団扇楓 こはうちわかえで

千鳥の木 ちどりのき

唐松 からまつ
（若い葉）

朴の木 ほおのき

白樺 しらかば

誘惑する花

これでも花？　といいたくなるような地味な花もある。

花は、雄しべの花粉を雌しべにつけるという、植物の性の営みの形。花粉はおもに、風か虫によって運ばれる。風に花粉を運んでもらう方法は、広い範囲にびっしり生えている木には好都合だが、ぽつぽつ生えている木にとっては、受粉しにくいので向いていない。スギやマツ、シラカバなど、びっしり系の木は風に、ホオノキやツツジなどぽつぽつ系のものは虫にたよっている。

風にたよる花に、華やかな彩りはいらないが、虫にたよる木は、彼らを引きつけるような花びらや香りで虫を誘い、蜜や花粉をごほうびにして、同じ種類の木に確実に運んでもらおうとしている。

赤松 あかまつ

岸躑躅 きしつつじ

おいしい水

森に湧く水がおいしいのは、土とそのなかの小さな生きもののおかげ。地面にしみこんだ雨は、土のなかをゆっくりと流れる。水にふくまれていた不純物は、土のすき間を流れるあいだにとりのぞかれ、もっと小さい不純物は粘土や有機物にすいついて、水はさらに澄む。

土にすいついたままでは、土はやがてよごれてすき間も埋まり、水を浄化できなくなる。すいついた不純物は微生物に食べられて分解され、気体となって空気に流れたり、無機物としてふたたび水にとけて植物の栄養になる。こうして、森の土は水を浄化しつづけることができる。

湧き水は、
森を歩く人にとっても動物たちにとっても大切な場所。
森の水場には、一日中たくさんの鳥や動物たちが集まってくる。
早起きのリスは、早朝の常連客。
シジュウカラが来たので、ヤマガラはゆずって飛び立つ。
天敵のいないカモシカはのんびり。
オオルリにヤマザクラの散花がよく似合う。
警戒心をうしなわないネズミ。水浴びの大好きなフクロウ。
イタチがいると、小さな動物は近づけない。
カエルは、ヤブサメが虫をつかまえただけなのにとても驚いている。
冬の夜。ウサギが水に映る自分の顔を
じっと見つめていた。

水辺のラブソング

ホタルの光は、オスとメスのラブソング。その光り方にはリズムがある。ヒメボタルのオスはゆっくりと光り、メスがそれにまたたくように応える。ゲンジボタルはオスどうしで光るリズムを合わせ、リズムのちがうメスを探す。ホタルは、夜が明るいと、相手を探せなくなってしまう。

初夏の夕暮れにひびく、「フィリリリリ」という細い声は、カジカガエルのラブソング。サンショウウオも、清流に卵を産みにやってくる。

2

3

4

1

1 姫蛍 ひめぼたる
2 沢蟹 さわがに
3 河鹿蛙 かじかがえる
4 斑山椒魚 ぶちさんしょううお
5 翡翠 かわせみ
6 川蜷 かわにな

6

5

ゆるゆると流れ

　日本でもっとも流れのゆるやかな川は、広大な関東平野を流れる利根川。しかし、その利根川でさえ、ヨーロッパに流れるほとんどの川よりも速い。

　日本は雨が多く、梅雨と台風に集中して降る。一度に大量に降る雨が急な渓流を流れ下り、昔から多くの水害をもたらしてきた。しかし、水源の山に森があると、森が雨をたくわえ、水害をふせぐことができる。山の森を伐採してしまうと、川に流れこむ水の量が一、二〜一、五倍にもなる。

　昔の人もそれを知っていて、七世紀の終わりには、すでに、山の木の伐採禁止令がだされていた。

樹雨

森のなかだけに降る雨がある。濃い霧が森をつつみ、霧が木の枝や葉に触れ、水滴となって落ちる樹雨《きさめ》。

アメリカ、カリフォルニア州の海岸近くの森では、雨の降らない夏に、数百ミリメートルもの樹雨が降った。奈良県と三重県にまたがる大台ヶ原の森は、森の外よりも二〇〜三〇パーセントも雨の量が多い。濃い霧が、樹雨となって降るのだ。

地面にしみこんだ雨は、木々にすい上げられ、まき散らされて霧を生む。森が霧を生み、霧は木々に触れ、雨となって森に降る。

フィンランド オウランカ渓谷

これほどたくさんの水をたたえた星は、
地球のほかにはまだ見つかっていない。
水が命を生み、はぐくんできた。
しかし、人間がつかうことのできる
川や湖の水は、わずか〇、〇一パーセント。
その水を、たくわえ浄化し、
ゆっくり海に届けているのは、豊かな森。

愛媛県 宇和海

Chapter 2

動物たち

したたかで大胆な　小さな獣たち

ヤマネ　おはよう

ピンポン玉くらいに丸まって、ヤマネが眠っている。低くした体温をこれ以上うしなわないための姿勢。昆虫を主食とする彼らは、食べものがなくなる冬のあいだ、木の洞や落ち葉の下で半年近くも冬眠する。なるべくエネルギーをつかわないように、体温は零度近くにして、呼吸の回数も心臓の鼓動もうんと少なくする。ヤマネにとって冬は、じっと眠るだけの、はてしなく長い時間。

ぐっすり眠っていたけれど、春の気配に、眠ったまま手足を小さく伸ばしはじめた。

シマリスの恋

シマリスのオスの、メス獲得作戦は、冬眠前からはじまる。オスは、メスが冬眠にはいった後、一〇日以上もたってから眠る。目覚めてから三日後に発情するメスと交尾するために、メスの冬眠場所を確認してから眠るらしい。

春、オスはメスより二〇日も早く起きだして、メスの目覚めを待つ。たった一日の交尾日に、オスたちはメスをめぐって激しく争う。一匹のメスを、九匹ものオスが追うこともある。メスは確実に妊娠するために、複数のオスと交尾する。

母と仔(上)
ドングリを食べるメスにそっと近づくオス(下)

早熟なノウサギ

ノウサギやユキウサギは巣をつくらず、子どもを産むのも地面のちょっとしたくぼみ。キツネやイタチ、タカやフクロウのかっこうの獲物だ。生まれた子どもは、その半分以上が一年も生きられずに死ぬ。

たくさん死ぬかわりに、ウサギはとても早熟。一歳にならずに性的に成熟する。排卵に周期はなく、交尾の刺激で排卵する。妊娠期間も短く、生まれる子どもの数も多い。そして、子どもを産んだばかりでもすぐに発情し、次の妊娠をすることができる。

生まれたばかりのエゾユキウサギ

生まれてすぐに立ち上がろうとするカモシカの仔。
好奇心いっぱいのキタキツネの仔。
ツキノワグマの仔は、いたずら盛り。
シカの仔はおかあさんのおっぱいを待っている。

甘いつらら

カエデの枝からあふれた樹液が、つららになっている。エナガが、それを飛びながら飲んでいる。早春の樹液は、木が新しい芽をだすために、幹から枝に送られる糖分。そして、森の動物たちにとっては、食べものの少ない季節の貴重な食料。

サトウカエデの樹液は、人にとっても甘いごちそう。集めて煮詰めれば、ホットケーキには欠かせないメープルシロップになる。春三月、カナダの森ではメープルシロップを煮詰める甘い香りがただよう。

スミレの甘いたね

スミレが、その小さなたねを飛ばしている。親のすぐ下に落ちたのでは、親や兄弟たちと、光や栄養を奪い合うことになる。でも、小さなスミレがいくらがんばっても、飛ばせる距離は一メートルがやっと。

アリがたねを見つけた。アリはたねをくわえ、巣へと運ぶ。たねについた甘酸っぱい部分が目当てなのだ。巣まで運ぶと、甘いところだけを食べ、たねは巣のなかや、まわりのやわらかい土の上に捨てる。

小さなアリが運んでくれたのも、ほんの一メートルほど。それでもスミレは、これで親や兄弟たちと争わずに生長することができる。

菫のよび名いろいろ

あごかきばな（関東）

うまのかちかち（福岡）

えごまんま（福島）

すもうとりぐさ（栃木・静岡）

ちんちのこま（神奈川・静岡）

かぎひきばな（仙台）

げんぺいぐさ（岩手）

かんなぐさ（大分）

けし（青森）

こまひきぐさ（西国）

きくばな（大分）

つばばな（神奈川）

もとどり（大阪）

さるこばな（島根）

げんげ（広島）

じろっこたろっこ（栃木）

じろうたろう（愛知・岐阜・三重）

ほけきょばな（神奈川）

じろうぼうたろうぼう（奈良）

とののうま（西国・筑前）

すもうとりばな（神奈川・千葉）

どどうま（久留米）

ちんちんばな（神奈川）

げげうま（熊本）

そうめんばな（新潟）

ぽとっ

ふ〜。できた

アリが気になる

交尾

オトシブミの母

かつてラブレターは、想いをつづった手紙をていねいにたたみ、恋する人のそばにそっと落として拾ってもらった。「落とし文」だ。

その名をもらった虫がいる。オトシブミのメスは、黙々と木の葉を巻く。そのなかに卵を産みつけるのだ。クリやクヌギ、ノバラなどの葉にやってきて、まず、葉の両端から真んなかに向かって切りこみをいれ、真んなかの葉脈をかじって葉をやわらかくする。たれ下がってきた葉を縦半分に折り、先から巻いていく。なかに卵を産み、ほどけてしまわないように、端をうまくたたみこみながら巻く。オスはやってきて交尾し、見張るだけで手伝わない。

数日後、卵からかえった幼虫は、母が巻いてくれた葉を食べ、成長していく。

ゼフィルスが出会う場所

定山緑小灰蝶 じょうざんみどりしじみ

ゼフィルスとよばれるミドリシジミのなかまは、日本には二十数種いて、ちがう種類が同じ森にすむことも多い。

森のなかに、ゼフィルスたちの集まる場所がある。夏の早朝、そこにアイノミドリシジミのオスが飛びはじめる。なわばりをパトロールし、侵入するオスを追いだし、メスを追いかける。しばらくすると、アイノミドリシジミは森の奥へと去り、ジョウザンミドリシジミがやってきて、昼ごろまで飛ぶ。午後になるとメスアカミドリシジミが飛ぶ。

こうして、広い森のなかで一ヶ所に集まることで、出会いのチャンスを増やし、種類ごとに飛ぶ時間帯を変えることで、同じ種類の相手とさらに出会いやすくしているらしい。

雌赤緑小灰蝶 めすあかみどりしじみ

蝦夷鼯鼠 えぞももんが

蝦夷鼯鼠 えぞももんが

モモンガの洞

エゾモモンガは、四～五個の巣をもち、危険を感じたりするとすぐに引っ越しをする。

彼らの巣は木の洞《うろ》。でも、洞なら何でもいいというわけではない。地上の天敵から届かない高さがあり、子育てしたり、目覚めてからの準備運動ができるくらい広く、エサ場まで近い。そんな条件にあう巣を見つけることができるのは、洞ができるような古い木がたくさんあって、木に穴をあける鳥たちもいる豊かな森。

鼯鼠 むささび

蝦夷栗鼠 えぞりす

梟 ふくろう

森で動物に出会うのはむずかしい。
人が彼らに気づく前に、
彼らの方が先に人に気づいてしまうから。
動物たちは身をまもるため、目も耳も鼻も、
そしてたぶん、人がうしなってしまった、
もっと直感的な感覚をも総動員して、
つねに気配を感じている。
動物たちに出会いたければ、
森の奥でじっと動かず、
木や石になったふりをする。そうして、
森の気配のひとつになったとき、木の葉の陰や
草むらからのぞく、
つぶらな瞳に、きっと出会える。

蝦夷栗鼠 えぞりす

おこじょ

貂 てん

日本氈鹿 にほんかもしか

縞栗鼠 しまりす

鶯 うぐいす

鳥たちの気もち

鳥の鳴き声には意味がある。

ウグイスの、「ホーホケキョ」というさえずりは、オスがなわばりを宣言し、メスの気をひこうとしている声。「笹鳴き」とよばれる「チッ」という声は、なかまとのコミュニケーション。

「ケキョ、ケキョ、ケキョ、ケキョ」と長く鳴く「谷渡り」は、警告音といわれている。見知らぬ人が森にはいり、警戒しているのかもしれない。

赤啄木鳥と懸巣 あかげらとかけす

駒鳥 こまどり

大瑠璃 おおるり

小さな栗まんじゅうのような、この黒い実は、
トチノキの実。
この巨樹が「小さな栗まんじゅう」だったのは、
たぶん二〇〇年以上前。
その葉や実を、虫や鳥、動物たちが食べた。
人も、その実を拾って栃餅をつくったかもしれない。
そして、葉や実を食べた動物たちを、
肉食の鳥や動物が食べた。
肉食の動物たちもやがて死に、
死がいは落ち葉といっしょに土の栄養となり、
木はそれをもらってさらに大きくなった。
肥えた土から新しい草が生え、
トチノキの実も芽をだした。

初夏。キバナシャクナゲを食べるシマリス。
シラカバの雄花は、冬のエゾモモンガの大切な食料。
サルの仔は、やわらかい若葉を夢中で食べる。
キタキツネは、ネズミを捕らえた。
エゾシカはヒグマの栄養となる。

フクロウの父

ヒナとメスのために、フクロウのオスは毎晩エサを運ぶ。一晩にノネズミを一〇匹も運ぶことだってある。フクロウのオスは、冬にメスの気をひくためにエサをプレゼントしはじめ、春、メスが卵を抱いているあいだも、ヒナがかえってメスが巣のなかでヒナの世話をしているときも、ずっとエサを運びつづける。

獲物の位置までわかる耳と立体視できる目、音もなく襲いかかれるしなやかな翼をもつフクロウだが、狩りはそう簡単ではない。ネズミの少ない年もある。耳にたよる狩りは雨に弱く、長雨のときは何日も獲物にありつけないこともある。

梟のよび名いろいろ

ほうこうどり（静岡）

おろしけ（岩手）

ほーほーどり（群馬）

おーほー（青森）

かねつけどーこ（佐賀）

もま（大分・福岡）

よしくろし（薩摩）

げんじ（静岡）

ぼーぼっこ（山梨）

よたか（佐渡・島根）

ごへい（茨城）

ごへいどり（埼玉）

ごろすけ（伊勢）

もほ（津軽）

とくぼ（広島）

ねこどり（常陸）

ねこさぎ（広島）

巣立ちのとき

巣立ったばかりの若いイヌワシ

兄弟殺し。日本の森で、イヌワシはふつう二つの卵を産むが、無事に巣立つことができるのは一羽だけ。先にかえったヒナが、あとからかえったヒナを攻撃し、九八パーセントは死亡させてしまう。

しかし、アメリカやヨーロッパの森では、産む卵の数も三〜四個のこともあり、兄弟を攻撃することもあるが、みんな巣立つことも多い。小動物が多く、森のまわりにひらけた場所があって、獲物を見つけやすいかららしい。

フィンランドの森で巣立とうとする若いイヌワシ。兄弟の姿も見える

オオカミの未来

いまから百年ほど前、シートンは、その著書『シートン動物誌』のなかで、オオカミを「輝かしい動物界の英雄」とよび、その数が急激に減っていることに警鐘を鳴らしていた。

家畜をおそう害獣として狩りの対象とされたオオカミは、ヨーロッパの森でもアメリカの森でも、数が減った。日本のオオカミは「大神」に由来するともいわれ、神とあがめられたが、一九〇五年に捕獲されたのを最後に、その姿を見たものはいない。

オオカミのいなくなった森では、肉食動物と草食動物のバランスがくずれ、大きなレベルの生態系が変化しているといわれている。

ウサギを襲う

アメリカ モンタナ州のオオカミ

雪の上に飛び散った小鳥の羽根。
タカにでも襲われたのか、雪に翼のあとが残っている。
雪の川辺に倒れたフクロウには、何があったのだろうか。
やがて、その肉は肉食の鳥や動物たちの食料に、
暖かい毛は小鳥や小動物たちの巣材になるだろう。

カモシカは、その死から、ずいぶん時間がたっている。
最強のハンターといわれるスズメバチも、
静かに土にかえろうとしている。

Chapter 3

静もる森

妖精の輪

ヨーロッパの物語に登場する「フェアリーリング」。直径が数十メートルになることもある。

地面から顔をだすキノコは、キノコのいわば花の姿。本体は、地面のなかで糸のような菌がからみ合ったもの。

キノコの傘から胞子が飛ぶ。胞子は地面に落ち、地面のなかに菌の糸を伸ばし、地上にキノコが生える。菌の糸は四方八方にどんどん広がり、円形の綿のようになる。その綿のはじにキノコが生えて妖精の輪ができる。

キノコはほんの数日で姿を消すが、菌の糸は何年も何十年も生きつづける。来年もここに、もう少し大きな妖精の輪が、きっとあらわれる。

実の戦略

木は、そのたねをなるべく遠くの条件のよい場所に運び、少しでも多くの子孫を残そうとしている。センニンソウは、たねにやわらかい毛をつけ、カエデはプロペラをつけた。ドングリはその実を鳥や動物たちにあたえる。彼らはせっせと食べ、冬にそなえて地面の下にも埋める。掘りだして食べられるものも多いが、忘れられるものもある。

キイチゴやウグイスカグラは、たねを甘い果肉でつつみ、鳥や動物たちに食べさせる。食べた彼らが移動して離れたところでフンをすると、たねもいっしょに落とされる。

こんなところに芽生えても……

吊花 つりばな

ネズミとドングリ

ドングリの実りには、豊凶がある。クヌギでは、豊作の年と凶作の年が、ほぼ交互におとずれる。

気候などの要因もあるが、毎年同じ量ずつ実っていては、ノネズミなどに食べられ、生き残るドングリが少なくなるからでもある。

ドングリが不作の年には、ノネズミたちは子どもを産んだり冬越ししたりできないものが多い。翌年、たくさんのドングリが実れば、数を減らしたノネズミたちに食べつくされることなく、より多くの実が芽生えることができる。

鼠のよび名いろいろ

あねさ（新潟）
ふくたろう（仙台）
うえのあねさま（福島）
やんぬし（国頭）
ばか（羽前・羽後）

おいじゃ（西表島）
がーきー（喜界島）
おじょうさん（石見）
おっさま（石川）

およめ（大分）
よめこ（八丈島）
おきゃくさん（長野・大分・福島）

きっき（和歌山）
おふく（徳島・大分）
きーきー（山形・山梨）
じょめんま（山形）

よもの（福島・長野）
むすめ（上野）
どぅみ（与那国島）
ゆるどの（八丈島）
ねら（愛知・滋賀）

岳樺 だけかんば

朝鮮五味子 ちょうせんごみし

小楢 こなら

瓜肌楓 うりはだかえで

大山桜 おおやまざくら

秋楡 あきにれ

橡 とちのき

野葡萄 のぶどう

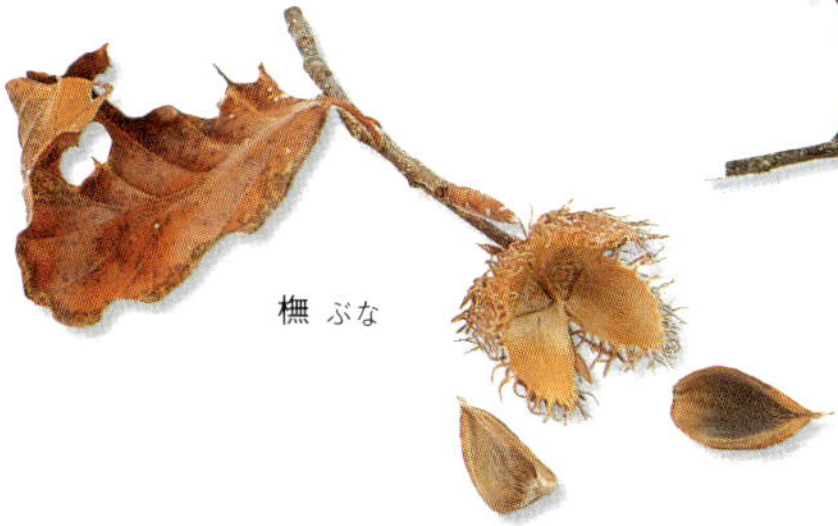

橅 ぶな

油瀝青 あぶらちゃん

水楢 みずなら

辛夷 こぶし

白木 しらき

桷 ずみ

山栗 やまぐり

キノコをかじった、この小さな歯形の主はネズミ。
後ろ足で立ち、キノコの傘につかまって食べたらしい。
クルミの実に、丸い穴をあけたのもネズミ。
リスなら実をきれいに半分に割るはず。
リスは、からのつなぎ目をかじって半分に割り、
皿のように二つを重ねて、上から中身を食べる。
水辺に落ちたシカの角は、春の生えかわりで落ちた
忘れ角。角を落としたオスジカには、
そろそろ新しい角が生えはじめただろうか。

リスもクルミが大好き

縄文ポシェット

縄文時代に編まれた小さなポシェットのなかには、半分に割れたクルミの実がはいっていた。これを編んだ人が、クルミを拾いにでかけたのかもしれない。

ポシェットが見つかった青森県の三内丸山遺跡では、太いクリの柱のあとや、たくさんのクリの花粉も見つかった。

縄文時代の人々は、森でクリやクルミを拾い、やがて、すまいの近くに生えた木の手入れをし、実を食べ、木を利用していたらしい。でんぷんや脂肪分が多いクリやクルミは、古くから大切な食料だった。

またぎ小屋

またぎのおきて

東北の森で、春は山菜、夏は川魚、秋はキノコや木の実、冬はクマやイノシシなどをとって生活する「またぎ」。

森でのくらしには、厳しいおきてがある。山菜やキノコなどは、たとえば五つあれば三つだけとり、根こそぎとることはしない。みごもっているクマは決して撃ってはならない。もし撃ってしまったものは、猟師であることをやめなければならないとさだめられた森もある。

1　楓 かえで
2　橅 ぶな
3　羽団扇楓 はうちわかえで

1

2

紅の葉

紅葉の彩りは、毎年ちがう。色づきがあざやかなのは、日当たりがよく、昼間は暖かくて夜は冷えこみ、空気が適度に湿っている年。

とくに、日当たりはとても大切。同じ木でも、南側の葉の方が早く紅葉する。葉と葉が重なっていると、下にある葉は、陰になったところだけ色づきが遅くなってしまうほど。

熊四手 くましで

羽団扇楓 はうちわかえで

鹿子木楓 からこぎかえで

檀 まゆみ

櫟 くぬぎ

目薬の木 めぐすりのき

雛団扇楓 ひなうちわかえで

熊野水木 くまのみずき

水楢 みずなら

山葡萄 やまぶどう

蝦蔓 えびづる

岳樺 だけかんば

山漆 やまうるし

錦木 にしきぎ

三葉躑躅 みつばつつじ

角榛 つのはしばみ

檀香梅 だんこうばい

瓜肌楓 うりはだかえで

ノバラの実を食べる

ヒグマの食欲

　ヒグマは、半年間の冬眠中、何も食べず水さえ飲まない。とくに、メスは冬眠中に出産して授乳し、四〇〇グラムほどで生まれた子どもを、冬眠あけには五キログラムにまで育てる。その栄養は、すべて秋のあいだにひたすら食べて、脂肪として体にたくわえたもの。

　初夏に交尾して受精した卵は、すぐには着床せず子宮のなかに浮かんでいて、冬眠にはいるころに着床する。秋に食べものが足りないときは、受精卵は着床せずに流れたり、着床しても育たずにおなかの子どもは死んでしまう。

枯れ葉はベッド用

ハイマツの実もおいしい

シマリスの孤独な眠り

一頭のシマリスが、冬眠する巣にたくわえるドングリなどの食料は一、五キログラムほど。体重の一六倍にもなる。木の葉も落ち、すっぽりと雪におおわれる冬は、冬眠しない小動物にとって、天敵から見つかりやすく、食べ物も不足する危険な季節。しかし、冬眠中のシマリスが死ぬことはほとんどない。

その冬眠穴は深く、いり口を土でふさいでしまうので天敵から見つからない。気温が零下三〇度にもなる夜でも、穴のなかは氷点下にはならない。ときどき起きて食べるための大量の食料もたくわえてある。オスもメスも、安全な穴のなかで、たった一匹の長い冬をすごす。

アカガシ

樫《かし》

これはシラカバ

樺《かば》

槲《かしわ》

栂《つが》

榧《かや》

桂《かつら》

柿《かき》

樅《もみ》

欅《けやき》

檜《ひのき》

杉《すぎ》

楓《かえで》

イロハカエデ

春落ち葉、秋落ち葉

落ち葉の季節は秋だけではない。初夏、シイやカシの森でじっと耳を澄ますと、かさかさと枯れ葉の落ちる音がする。

光合成をする力は、葉が古くなると弱くなる。どんな木でも、古くなった葉を落とし、新しい葉にかえる必要がある。落葉樹は秋にすべての葉を落として、春に新たな葉をつけるが、シイやカシだって古い葉を落とす。ただ、初夏に新しい葉がでてから古い葉を落とすので、いつも葉があり、常緑樹とよばれている。

スギやマツも秋には落葉する。しかし、葉が二年以上もち、古くなった一部の葉だけを落とすので、木全体としてはいつも葉があり、常緑樹なのだ。

漁師たちの森

漁師が水源の山に木を植えている。

森には毎年、たくさんの落ち葉が積もる。落ちた葉は分解され、養分となって森の地下水にとけ、川や海にも流れこみ、そこにすむ魚たちをはぐくむ。そのことを、知っているから。

春落ち葉

秋落ち葉

冬芽をまとう

秋に葉を落とした木々は、次の春に芽吹く大切な芽を、厳しい冬の寒さから守らなければならない。

うろこのような小さな葉でつつみ、あるいは細かい毛の生えた葉でつつむ。細胞のなかの水分を減らしたり、糖分を増やしたりして凍らないようにしている木もある。トドマツの冬芽は、気温が零下三〇度になっても凍らない。

さらに、冬芽が傷ついて芽吹けなかったり、芽吹いても途中で枯れてしまったときのために、その下に小さな予備の芽を用意しているものもある。

橅 ぶな

椴松 とどまつ

3　　2　　1

1 莢蒾 がまずみ
2 櫟 くぬぎ
3 山桜 やまざくら

木に積もった雪の重さは、
数トンにもなることがある。
ゾウが乗ったほどの重み。
それほどの重さが、
ゆっくりと長く木を圧迫する。
冬の夜、雪の重みに
耐えられなくなった木の枝が、
突然折れる。
積もっていた大量の雪が、
「ドドーン」という
大きな音とともに落ちる。
北の森は、零下四〇度にもなる。
幹のなかの水分が凍って、
太い幹が裂ける。凍裂だ。
その「バキーン」というごう音が、
一晩に幾度もひびく夜もある。

フィンランドの冬

ひもじい冬

リスは、埋めておいたはずの木の実を捜している。冬眠しないニホンリスの、冬のあいだの食料は、おもに秋に埋めておいたドングリなどの実。雪が深く積もっていても、必死に掘りだして食べる。

サルはもともと暖かい地方にすむ動物。ニホンザルほど北にすむサルはいない。とくに、雪深い森は厳しい。実も葉もなく、落ちた実や草木の根は雪に埋もれて食べられない。しかたなく消化しにくい樹皮を食べる。冬のあいだに体重は減り、冬をこせずに死ぬものもいる。

冬の北海道

あったかい雪

雪の下は意外に暖かい。気温が氷点下になるようなときでも、雪の下の地面はおよそ零度。雪につつまれて、木の実や草の根はじっと春を待つ。我慢し切れない芽が、雪をつき破ってのびることもある。

Chapter 4

うつろい

小さな物語が　いま　はじまる

人が生まれる場所を選べないように、
木も芽生えの場所を選べない。
少しでも条件のいいところで芽生えようと、
たねは風に飛ばされ、動物に運ばれる。
でも、多くのたねは芽生えることなく、
鳥や動物たちに食べられる。
生き残って芽生えることができたとしても、
そこはとても厳しい場所かもしれない。

サバイバル

横になって伸びるヒメシャラは、倒木や雪の重みで、上に伸びられなかったのかもしれない。幹はもう天を目ざすことをやめ、かつての梢はすでに枯れている。かわりに、枝が空に向かって伸びている。

倒れた木は、もう、その一部は死んでいる。しかし、残された部分だけでもなんとか生き残ろうとしている。死んだ部分は土となり、残された部分の栄養となる。

ひこばえ

太い幹のまわりには、若いひこばえが生え、何か変化があれば、すぐに太く育とうと待ちかまえている。

大きな木が枯れ、リョウブの木の上に倒れた。リョウブの太い幹は枯れ、まわりのひこばえが太く育つのかもしれない。それとも、太い幹も少し傾いて生き残り、光を得たひこばえも太く育つのだろうか。いずれにしても、倒れた木によって、幹とひこばえの関係は変わる。

宿木 やどりぎ

パラサイトと殺し屋

ヤドリギは、親木から養分をもらって生きるパラサイト。

幹のほとんどをうしない、光合成ができなくなったこの根株は、となりの木と根でつながって養分をもらうパラサイトの道を選んだようだ。

タブノキに、ガジュマルがからみついて這い上がっている。ガジュマルはしだいに気根を垂らし、葉を茂らせ、やがてタブノキを枯らす、殺し屋の道を歩むのだろうか。

椨と榕樹 たぶのきとがじゅまる

紀元杉。樹齢はおよそ3000年

老木

世界でもっとも長寿だというアメリカ、カリフォルニア州のブリッスルコーンパインの樹齢は、四七〇〇年以上。エジプトでピラミッドが建設されはじめたころに芽生え、ずっと生きつづけてきたことになる。

日本での最高齢は、屋久島の大王杉で約三五〇〇年。「森の主」とよばれるような巨樹は、その森で何百年も生きつづけている。

檜ひのき

ブリッスルコーン パイン bristlecone pine
どの木が最高齢かは公表されていない

寿命を終え、あるいは嵐で倒され、
木はここで死んだ。
森は、その死を静かに受けとめる。
しっかりと大地に広がっていた根は、
むなしく空に突き上げられている。
幹にそっと触れる。
生きていたときの
強さやみずみずしさはうしなわれ、
今にももろく崩れそう。

分解者

ひとつかみの森の土のなかには、一〇〇〇億個もの土壌生物がいる。地球上の全人口より多いのだ！　その量は、森のすべての動物の量の八〇〜九〇パーセントにもなる。

土のなかの微生物は、ほかの動物たちが消化できないかたい木の幹を分解することができる。長い時間をかけて木にたくわえられた養分は分解され、リンや窒素などの無機物になり、新たに草や木のごちそうとなる。

オスカー

大きな木が倒れて空がひらけるまで、幼樹のまま何年も光を待つ木もある。ギュンター・グラスの小説『ブリキの太鼓』の主人公オスカーは、子どものままでいることを好み、三歳で成長をやめた。暗い森で、幼樹のまま光を待つ木は、彼にちなんでオスカーとよばれる。

丹沢の森には、オスカーとして六〇年ものあいだ、明るい日射しを待ったモミの木がある。その幹は、樹齢六〇年とは思えないほど細かった。

ギャップ

木が倒れた。その木が、まわりの木々との、ぎりぎりの競争のすえに確保していた空が、そのままあき、地面に光が届いている。倒木は、生い茂っていたササなどの下草をおさえつける。

木の葉に光をさえぎられて、芽生えることのできなかった地面の下のたねは、光を得ていっせいに芽生えはじめる。やっと芽生えても、下草におおわれて生長できないでいた若い芽は、ぐんぐん伸びはじめる。オスカーたちも競い合って生長する。

倒木更新

倒木の上に芽生えたカエデが、そこに自分の葉の影を落としている。身をかがめて顔を近づけると、しめった朽ち木の香りがする。

倒木の上は下草におおわれにくく、土のなかの菌におかされることも少ない。とくに若いころに病気に弱いスギなどの針葉樹は、地面より病菌の少ない倒木や石の上に育つことが多い。

若い木がならんで生長しているのは、倒木の上に、いっしょに芽生えたから。

アメリカ モンタナ州の森のウェスタン レッド シダー

ミズメの倒木から芽生えるカエデ

パイオニア

川は日々その流れを変え、新しい岸辺が生まれる。湿原が乾燥し、草原となる。森が燃えて裸地となる。火山が噴火して、大地が熔岩におおわれる。こうしてできた新しい地に、真っ先に芽生える草木をパイオニアとよぶ。

シラカバなどのパイオニアの樹木は、やせた土地でも育つことができ、寿命は一〇〇年ほどと短い。新しくできた大地に根をおろし、葉を落とし、倒木となって分解されることで、そこを豊かな土地に変えていく。

尾瀬ヶ原

ハワイ キラウエア火山

カナダ ブリティッシュ・コロンビア州北部

遷移

落葉広葉樹の森の一部に、針葉樹の若い木が育っている。土のようすが変わってきたのかもしれない。

木のたねは、毎年たくさんでき、いつも新しい芽生えの場を探している。場の条件が少しでも変わると、それまではいりこめなかった場所に、新しいたねが生えようと侵入してくる。それまで生えていた木も、必死に生き残ろうとする。

高知・愛媛県境 石鎚山付近

クライマックス

火山が噴火し、熱い熔岩におおわれたところが、森の安定した形、クライマックスをむかえるまでには、数百年から千年もの歳月が必要だといわれている。

熔岩のくぼみにコケが生え、草が生え、木が生えて林になり森になり、その樹種もクライマックスへとうつろう。

しかし、クライマックスもけっして最終ではない。土が養分をうしない、あるいは気候が変わり、やがてその森も終わるときがくる。森がうしなわれたあとには、新しい植物が、きっと芽生える。

カンボジアのタ・プロム寺院は
巨樹にのみこまれようとしている

＜参考資料＞

「森の生態 生態学への招待 2」	只木良也／共立出版	1971
「ブナ帯文化」	梅原猛・市川健夫・四手井綱英他 11 名／思索社	1985
「木と森の文化史」	筒井迪夫／朝日新聞社	1985
「自然の中の植物たち」	高橋英一／研成社	1986
「動物大百科 全 21 巻」	D. W. マクドナルド ほか／平凡社	1986-88
「森林の一○○不思議」	日本林業技術協会編／東京書籍	1988
「森と水のサイエンス」	日本林業技術協会編／東京書籍	1989
「森はレモンの香り ウッド・ウォッチング」	善本知孝／文一総合出版	1990
「現代植物生理学 1-5」	宮地重遠・柴岡弘郎・新免輝男・茅野充男編／朝倉書店	1990-92
「森を読む 自然景観の読み方 4」	大場秀章／岩波書店	1991
「植物の機能 岩波講座 分子生物科学 12」	旭正編／岩波書店	1991
「森の 365 日 宮崎学のフクロウ谷日記」	宮崎学／理論社	1992
「植物の個体群生態学」	Jonathan W. Silvertown／東海大学出版会	1992
「ゼフィルスの森 日本の森とミドリシジミ族」	栗田貞多男／クレオ	1993
「エゾモモンガ アッカムイの森に生きる 目黒誠一写真集」	目黒誠一／講談社	1994
「森にかよう道 知床から屋久島まで」	内山節／新潮社	1994
「ブナ林に生きる 山人の四季」	太田威／平凡社	1994
「動物たちの地球 全 15 巻」	朝日新聞社編／朝日新聞社	1994
「森林文化への道」	筒井迪夫／朝日新聞社	1995
「野生動物に会いたくて」	増井光子／八坂書房	1996
「森とつきあう 自然環境とのつきあい方 2」	渡邊定元／岩波書店	1997
「イヌワシを追って」	山本靖夫／神戸新聞総合出版センター	1997
「植物の世界 全 15 巻」	朝日新聞社編／朝日新聞社	1997
「植物は考える 彼らの知られざる驚異の能力に迫る」	大場秀章／河出書房新社	1997
「シートン動物誌 全 12 巻」	アーネスト・T・シートン／紀伊國屋書店	1997-98
「北海道 森を知る」	鮫島惇一郎監修／森林総合研究所北海道支所編／北海道新聞社	1998
「植物の私生活」	デービッド・アッテンボロー／山と溪谷社	1998
「日本動物大百科 全 11 巻」	日高敏隆監修／平凡社	1998
「森をつくったのはだれ？ 科学で環境探検」	川道美枝子・合地信生・山崎猛／大日本図書	1999
「どうぶつの妊娠・出産・子育て」	和秀雄／メディカ出版	1999
「森林の生態 新・生態学への招待」	菊沢喜八郎／共立出版	1999
「漁師が山に木を植える理由」	松永勝彦・畠山重篤／成星出版	1999
「土と水と植物の環境」	駒村正治・中村好男・桝田信彌／理工図書	2000
「日本の森大百科」	姉崎一馬／ティービーエス・ブリタニカ	2000
「森の自然史 複雑系の生態学」	菊沢喜八郎・甲山隆司編／北海道大学図書刊行会	2000
「東北の森 科学の散歩道」	東北の森研究会編／東北の森研究会	2000
「木と動物の森づくり」	斎藤新一郎／八坂書房	2000
「森の惑星 循環と再生へ 世界の森を旅する」	稲本正・小林廉宜／世界文化社	2001
「樹木学」	ピーター・トーマス／築地書館	2001

<写真クレジット>

前田博史
表紙カバー(表，裏)，1, 8-9, 12-13, 14-15, 16dl, 17mt/md/d, 18, 19:3/4/5/6/7, 20-21, 22:1, 23:5/6, 28, 30, 31, 33:17/18, 38-39, 40ml/dr, 41tr/ml, 42t, 49d, 50, 51, 54-55, 56, 57, 60-61, 82d, 86r, 87, 98t, 99t/m, 104d, 105r, 114t/m, 115, 118:2, 124mr, 125mr/dr, 126, 127d, 129, 130d, 140-141t, 142-143, 144, 145, 146d, 147, 148, 148-149d, 151l, 153, 156-157, 158-159, 160t, 161, 163, 165d, 169, 176

平野隆久
表紙カバー(そで)，表紙(表，裏)，4-5, 7, 16t/dr, 17t, 19:2, 22:2/3, 23:4, 24-25, 26-27, 29, 32:1/2/3/4/5/6/7/8, 33:10/11/13/14/15/16, 34-35, 36, 40tr/tl/mr/dl, 41tl/mr/dr/dl, 42d, 43, 44-45, 46-47, 48, 49t, 64l, 66r, 68d, 71, 72-73, 78d, 84d, 86l, 88l, 97t, 99d, 104tr/tl, 106-107, 108d, 112-113, 118:1/d, 119, 120-121, 122d, 124tr/tl/ml/dr/dl, 125tr/tl/ml/dl, 127tl, 128, 131d, 137d, 146t, 149t, 150, 151r, 152, 160d, 164d, 167tl/dl ,174l

ネイチャー・プロダクション
目黒誠一 表紙カバー(背)，67, 69t, 76-77, 78t, 88mr, 89t, 175
山川孝典 2-3, 58-59, 85t, 94-95, 133, 134-135, 172-173　三谷英生 6　窪田正克 10-11, 89d
桜井淳史 32:9, 37, 64dr, 130-131t, 166, 170-171　奥田實 33:12　佐藤明 52-53, 79t, 88dr
増田戻樹 62-63, 82t, 105ml, 116t, 136　西村豊 64tr　井田俊明 65t, 83d, 88tr, 123　木下哲夫 68t, 83t, 137t
飯島正広 69m, 105dl, 110　津田堅之介 69d　中川雄三 70, 79d, 90-91　海野和男 74, 75t　栗田貞夫 75d
古関良雄 79m, 80-81, 114d　和田剛一 84t, 85dr　吉野俊幸 85dl　嶋田忠 93, 105tl
Alan & Sandy Carey 96-97d, 122t　飯村茂樹 98d, 108-109t, 174r　宮崎学 100-101　伊沢正名 102-103
姉崎一馬 117　田代宏 132　後藤昌美 138-139　埴沙萠 141d　Jeff Foott/BBC NHU 154-155
水口博也 162r　原田純夫 164-165t　坂本昇久 168

川道美枝子 65d
青森県教育庁文化財保護課三内丸山遺跡対策室 116d

t:上 m:中 d:下 r:右 l:左

<製版>

山本　篤
石井龍雄(トッパングラフィックアーツ)

ネイチャー・プロ編集室
自然科学分野を専門とする企画・編集集団。1978年設立以来、多くの書籍、図鑑の編集をてがけている。おもな制作書籍に『ハーブ・スパイス館』（小学館）、『色の名前』（角川書店）、『自然のことのは』（幻冬舎）、『自然の愉しみ方』（山と溪谷社）などがある。

構成・文　野見山ふみこ

装丁・デザイン　新井達久

協力
中川重年（神奈川県自然環境保全センター）
川道美枝子（理学博士）

森の本

平成13年10月30日　初版発行
平成18年10月20日　3版発行
編者　ネイチャー・プロ編集室
発行者　井上伸一郎
発行所　株式会社角川書店
〒102-8177　東京都千代田区富士見2-13-3
振替／00130-9-195208
電話／営業　03-3238-8521
　　　編集　03-3238-8555
印刷所　凸版印刷株式会社
製本所　本間製本株式会社

ISBN4-04-883710-9　C0072